Macaron Diaries

我的马卡龙日记

秋珈心 著

->✳<-

上海文化出版社

2003 年的时候我开始满世界旅行，

而旅行的意义无非就是吃美食、观美景、识美人、养美心。
作为吃货的我把美食排在第一位，对于甜品更是从不忍拒绝：
日本的禅意、法国的浪漫、意大利的奔放与土耳其的甜腻……
每个地方的甜品都有着它不同的性格标签。

第一次在巴黎被马卡龙美味感动后，
我开始尝试不同配方制作，
虽然遭遇过数次的失败，
却从没有一种甜品让我如此倾注热情、费尽心思。
如果只能选择一样甜品，我会选择马卡龙，
并时刻愿意将这份甜蜜分享给更多人。

这本《我的马卡龙日记》，除了让你认识马卡龙，了解它的制作乐趣，
更重要的是告诉你——它并不是简单的小圆饼，
它集合所有优雅华丽的元素，并赋予人浪漫梦想。
你可以发挥奇思妙想，延展甜蜜的无限力量。

祝你们都做出属于自己风格的马卡龙！
做甜品改变世界！

目录 Contents

Part 2

春 Spring

三月

四月

五月

夏 Summer

秋 Autumn

冬 Winter

马卡龙制作前
碎碎念

★ [马 卡 龙 大 扫 盲] ★
★ [制作马卡龙的基础材料] ★
★ [制作马卡龙的主要工具] ★
★ [食材、工具网店推荐] ★
★ [马卡龙制作失败状况大解析] ★

Part 1

马卡龙大扫盲
· What Is Macaron ·

什么是马卡龙？——与马卡龙的浪漫邂逅。

在法国，小圆饼 Macarons 无人不晓，它的饼身只有三种材料：蛋白、糖粉和杏仁，通过内馅与饼身的搭配被制作成各种风味的马卡龙。

可马卡龙真正的故乡并非在法国，传说这是当时 16 世纪嫁给法国国王亨利二世的皇后凯瑟琳（Catherine de Medicis），从意大利威尼斯带至法国的甜品，是凯瑟琳皇后最好的嫁妆。后来马卡龙在法国发扬光大，近年来在国内也越来越流行，大家都对这可爱的小圆饼趋之若鹜。

哪里能吃到世界上著名的马卡龙？

世界著名的马卡龙品牌多集中在法国，Ladurée 和 Pierre Hermé 都是著名的百年老店，他们的顶级马卡龙值得每一位热爱美食的吃客去品尝。

不过也不尽然，说不定你会在巴黎或者东京某一个街角的甜品店发现藏匿着美味的马卡龙，让寻找美食的心随时收获惊喜。

完美马卡龙究竟拥有哪些必备条件？

外观：完整平滑有光泽，没有焦黄色，最重要的是有完整蕾丝边。

口感：外脆，中央口感为少许的黏稠与湿润，一口咬下去外壳与内馅应完美融合。

馅料：能平衡饼皮甜味的就是好馅儿，传统口味有树莓果酱、巧克力甘纳许与开心果等。

马卡龙真的死甜死甜吗？

不了解马卡龙的人一提到马卡龙就皱起眉头说："好甜！好甜！"

我好想说，那是因为你没吃过真正好吃的"小马"啊！

跟随本书的步伐，即使你是一个烘焙新手，也可以迅速做出理想的马卡龙。

别发呆了，快点一起来玩味创意，分享甜蜜吧！

制作马卡龙的基础材料

Ingredients

烘焙的技法固然重要，但是原料的选择更不容忽视。好原料，自然好味道。

· 饼身原料 ·

杏仁粉 杏仁粉是马卡龙的灵魂，杏仁粉的品质直接影响马卡龙的口感、香味与细腻程度。你可以购买现成的杏仁粉，也可以选择自己磨粉，但是要注意切勿磨出油。

糖粉 糖粉是马卡龙结皮的关键，高糖度撑起马卡龙的饱满饼身。如果有条件，尽量选择百分百纯正的糖粉（不含玉米淀粉）。

蛋白 马卡龙之所以形成漂亮的裙边，是因为蛋白的膨胀。蛋白可以提前 2~3 天分离出来放置在冰箱里，让蛋白内的水分蒸发。用的时候记得提前拿出来静置至室温温度，才更容易做出好状态的马卡龙。

干燥蛋白粉 在蛋清打发前加一小撮蛋白粉，蛋白会更容易打发。

天然水果粉 天然水果粉由于本身的色彩，可以代替色素加入到饼身中，制作带有风味的马卡龙饼身。

色素 "小马"的缤纷色彩一直是受到欢迎的重要原因之一。为了健康请选用品质优良的色素或色粉哦。

制作马卡龙的基础材料
Ingredients

· 内馅原料 ·

无盐黄油		无盐黄油通常是马卡龙夹馅里最通用的原料之一。
玉米糖浆		玉米糖浆是用树薯粉加热水发酵而成的，因颜色透明，故也被称为"水饴"，可以让夹馅更好地凝结。
玉米淀粉		增加液体黏稠度的原料。
水果果泥		各种口味的水果果泥可以添加到基础奶油酱中，制作成各种口味的马卡龙内馅。
液态鲜奶油		制作巧克力甘纳许的重要原料。
香草精 / 香草荚		为内馅添加香气的原料。
巧克力		制作巧克力甘纳许的重要原料。

＊ 甘纳许（Ganache）是一种非常古老的巧克力制作工艺，就是把半甜的巧克力与鲜奶油一起，以小火慢煮至巧克力完全溶化的状态。

01

04

11

03

02

08

05

12

10

06

07

09

13

制作马卡龙的主要工具

Tools

随着马卡龙在国内的走红，市面在售的制作工具可谓眼花缭乱，整理了一些我平时用顺手的工具推荐给大家，相信有了这些得力助手，"小马"制作之路会更顺利！

01	电子秤	马卡龙是娇贵的甜品，所以原料配比必须精确无误。
02	橡皮刮刀 / 刮板	用于混合、压拌面糊。
03	蛋抽 / 手动打蛋器	打散鸡蛋、混合粉类时使用。
04	蛋清分离器	蛋清分离器可以帮你方便地分离蛋白和蛋黄，"手残党"也不害怕！
05	打蛋盆	打发蛋白时可选用较深的打蛋盆，防止蛋液飞溅。
06	厨师机 / 电动搅拌机	用于打发蛋白霜，蛋白霜是马卡龙至关重要的一步，熟练操作搅拌机才能让蛋白霜达到理想状态。
07	小奶锅	用于煮糖水。
08	温度计 / 红外线测温仪	温度计用于制作意式马卡龙时测糖水温度，红外线测温仪可用于测蛋白的温度。
09	烘焙纸 / 玻璃纤维垫 / 硅胶垫 / 烤垫	铺在烤盘上，在烤垫上挤上面糊待烘烤。
10	裱花袋 / 裱花嘴	翻拌完成的面糊放入裱花袋挤成饼身形状。
11	尼龙刷 / 硅胶刷	可以用于马卡龙表面的装饰，刷色素、糖粉等。
12	烤箱内置温度计	烤箱内放一个温度计，时刻观察，与烤箱磨合脾气，找到最适合自己烘焙"小马"的温度！
13	烤箱	一台好烤箱能让你事倍功半。选择温控准、上下发热管发热均匀的家用烤箱，绝对可以成为得力好帮手。

食材、工具网店推荐

长帝烤箱官方旗舰店：

朋友们常问我用什么烤箱？家庭烘焙来说，只要温控较准、发热均匀的烤箱都适合做"小马"。长帝烤箱各种款式型号一应俱全，相信你可以找到其中最得力的小助手。

http://changdi.tmall.com

马卡龙日常工具店—JOY 乐趣烘焙：

JOY 对马卡龙的热情让人惊叹，她特别为马卡龙的制作定制了各种物美价廉的工具，还准备了数种可以丰富马卡龙风味的原料，缺什么直接来这里吧！

http://ilovemacaron.taobao.com

甜品、翻糖装饰——Sugaring 糖樱烘焙：

作为装饰材料的店铺，她家东西实在太全了，价格也很合理，不妨去看看，可以得到一些装饰马卡龙的灵感。

http://shop58485644.taobao.com

马卡龙专用工具原料——法国美食艺术生活馆：

巴黎花妈的烘焙工具与香料一直深得我心，大家不妨试试她精心挑选的法国进口原材料。

http://shop102329655.taobao.com

马卡龙制作失败状况大解析

Recommends

　　我曾经在"下厨房"网上分享我的马卡龙教程，至今一共有 500 多名网友上传了他们自己做的马卡龙，成功的"小马"都呈现出一种饱满光滑的美，而不那么完美的"小马"们却各有各的不幸，总结一下网友的提问，我们一起分析下制作"小马"的过程中容易碰到哪些问题：

Q: 烤好的马卡龙没有裙边？

A: 裙边是成功马卡龙的必备条件，没有裙边的原因可能如下：

1. 烘焙温度太低，烤制时间也不足。
2. 面糊翻拌过度导致蛋白消泡，面糊太稀。
3. 面糊放置时间太长导致消泡。

Q: 饼身表面有气泡，太丑了！

A: 饼身表面有气泡，原因有：

1. 蛋白分量计算错误。
2. 蛋白霜打发不够，面糊太稀。

Q: 表面裂开了！

A: 马卡龙的表面裂开是最让人心碎的事情了，制作时候可以注意下列因素：

1. 蛋白弹性太大，膨胀过度会导致表面裂开，可提前分离蛋白，蒸发水分。
2. 烘烤温度太高。
3. 结皮没有到位。

每家的烤箱脾气各不同，哪怕同一个品牌的同一型号，也可能会有温差。多试几次找到最佳时间和温度，努力与自家烤箱磨合吧！

Q: 马卡龙的组织是空心的！

A: 关于马卡龙的实心与空心问题，其实没有一定严格的标准，但是空心的马卡龙如果吸湿不完善，确实会影响口感。造成马卡龙空层的主要原因有：

1. 烤制温度过低，无法使面糊膨胀至顶部。
2. 面糊翻拌过度导致的消泡。
3. 杏仁粉的细腻程度不够。
4. 糖水的温度过高。

Q: 饼身咬下去好脆好干！

A: 饼身太干是因为烤制时间偏长了，不过这个问题不用太担心，将"小马"夹馅之后放进冰箱吸湿一晚上，内馅的水分被饼身吸收才能形成真正完成的"酥胸"。

　　要烤出好饼身，无非把控三个环节：蛋白打到位，搅拌不消泡，温度控制好。多看看别人做的马卡龙，所谓"知其然，知其所以然"，好好总结经验，多多学习，才能烤出完美"小马"！如果你有兴趣的话，可以扫描下面的二维码，看看大家的杰作。

马卡龙制作
★★★★
大揭秘

★ *Part 1* ★

意式马卡龙饼身做法
· *Italian Macarons* ·

马卡龙为什么难烤？

我把制作马卡龙的教程分享在网站上，一下子受到很多烘焙爱好者的欢迎，大家都开始尝试制作马卡龙，可见这可爱的小圆饼多受人欢迎了！

马卡龙的制作方法千差万别，可是实实在在的方子却是少之又少，有没有百分百成功的方子？答案自然是否定的，但是恰恰是这种制作难度成就了"小马"的魅力，让越来越多的烘焙爱好者趋之若鹜。第一次制作意式马卡龙可能有点难，但是只要多多练习，就算是烘焙零基础的小白，也一定能做出挺括漂亮的"小马君"呢。尝试了不下十种制作方法之后，在这里分享给大家成功率最高的方法，方子来自法国甜点大师克里斯托弗·菲尔德（Christophe Felder），由巴黎花妈耐心翻译，再加入我自己的制作供大家参阅，他的"不晒皮烘焙法"非常节约时间。

材料（约 50 枚左右）

· TPT 面糊 ·

杏仁粉 ………… 200 克	糖粉 ………… 200 克
蛋白 …………… 75 克	

杏仁粉与糖粉以 1:1 的比例混合成的杏仁糖粉面糊叫做 TPT。

· 糖浆 ·

糖 ………… 200 克	水 ………… 50 克

· 意式蛋白霜 ·

蛋白 ·············· 75 克   蛋白粉 ············ 1 克
色粉 / 色膏 ······· 适量

Step 1

筛粉

    将杏仁粉、糖粉混合过筛，加入 75 克
蛋白，用刮刀混合均匀，筛到无颗粒状态。

Step 2

熬煮糖浆

    在小奶锅中将 200 克糖与 50 克水混
合均匀，用电陶炉熬煮，此时可以在糖
水中插入温度计测量温度。将糖水煮到
116℃~121℃之间，立即停止加热，将
奶锅离火。

  ※ 电陶炉发热均匀，熬煮的糖水温度相对也较为精确。如果没有电陶炉，也可以置于煤
气上用中大火熬煮。

  ※ 煮糖水的温度会直接影响之后面糊的结皮速度，糖水温度越高，结皮速度越快，但是
过高的糖水温度也会导致马卡龙饼身的空心，所以我也会根据制作当天的空气湿度做
相应调整。

另附空气湿度与糖水温度关联表

空气湿度	糖水熬煮温度
正常空气湿度 75% 以下	116℃
75%~80%	117℃
80%~90%	118℃ ~119℃
90% 以上	120℃ ~121℃

制作意式打发蛋白霜

1. 在熬煮糖浆的同时，将蛋白倒入厨师机中 (也可以用手持电动搅拌机)，以中高速搅拌至蛋白细致雪白，直至蛋白打发成干性发泡。

2. 将熬煮完成的糖浆沿着盆边缓缓倒入，一边打硬蛋白霜，用红外线测温仪测试温度。如果没有红外线测温仪，那么可以观察到蛋白霜打发到倒盆不洒的状态即可。

3. 这时候可以加入色素 / 色粉，中速搅拌均匀。

* 蛋白打发秘诀：如何看蛋白霜有没有打到位，一直是很多烘焙爱好者孜孜以求的问题。我的秘诀是用红外线测温仪，一边打发一边测量，一般在蛋白打发到38℃左右时，就差不多大功告成啦！

混合面糊

1. 取三分之一蛋白霜加入TPT面糊大力翻拌，可以用橡皮刮刀反复将面糊压抹在打蛋盆内，将蛋白霜与TPT面糊混合均匀。

2. 再取三分之一蛋白霜加入翻拌均匀的面糊，翻拌方式同step1。

3. 加入最后三分之一的蛋白霜，轻柔地用刮刀从打蛋盆底部将面糊往上翻拌均匀，大约22次，直到面糊呈现细腻、黏稠、有光泽的状态，提起可以呈缎带状漂亮地飘落（此步骤称为Macaronnage）。

* 第三次的翻拌是为了不让面糊消泡，可以让"小马"烤出漂亮的裙边哦！

挤面糊

1. 裱花袋装上直径1厘米左右的圆形裱花嘴，装入面糊。

2. 在烤盘上垫上烤垫，将面糊均匀挤在烤垫上，每个直径控制在4厘米左右。

3. 挤完之后轻拍烤盘，震出面糊里的气泡，并用牙签挑破表面无法震出的气泡。

烘焙温度

　　马卡龙的烘焙方式一直是大家津津乐道的话题。

　　要和自家的烤箱不断磨合，才能找到最适合"小马"的温度临界点，但是"每个人的烤箱脾气各不同"这种话又未免太过笼统，在这里我提供两种烘焙方式供大家参考尝试。

方法一：不结皮烤法（强烈推荐）

1. 直接入预热 165℃ 的烤箱中下层，上下火烘焙 12 分钟。

2. 烤好后取出烤盘，待凉却拿下饼身，以备夹馅。

* 此方法只能适用于意式马卡龙的制作，高温度的糖水可以支撑饼皮，避免高温撑破表面。

方法二：传统结皮烤法

1. 静置挤完面糊的"小马"，让马卡龙自然结皮15~20分钟，以手轻触表面，不黏即可。结皮是为了可以让马卡龙的组织更加饱满，避免空心。不黏即可。

2. 放入预热 160℃ 的烤箱中下层，上下火烘焙 14 分钟左右。

3. 烤好后取出烤盘，待凉却拿下饼身，以备夹馅。

* 马卡龙蕾丝边（pied）的原理，是让饼身的表面结皮，内部的蛋白霜受热膨胀，顶不破上层结皮的表层，只能从下面的边缘冒出，于是便形成了漂亮的裙边。

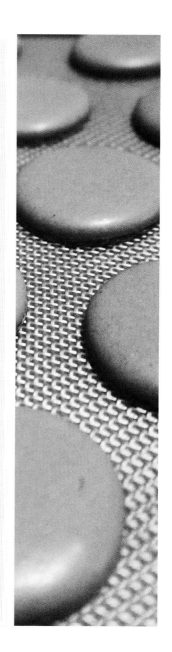

法式马卡龙饼身做法
French Macarons

法式马卡龙做法最传统，相对意式马卡龙来讲，步骤更简略。

但是正因为省略了煮糖水的步骤，蛋白霜打发的状态便是最关键的要诀，有了稳定的蛋白霜，成功率才能大大提高。

材料（约 20 枚左右）

• TPT 面糊 •

杏仁粉 ………… 100 克　　　　糖粉 ………… 180 克

• 法式蛋白霜 •

蛋白 ………… 130 克　　　　蛋白粉 ………… 1 克
糖粉 ………… 50 克

Step 1

将过筛的杏仁粉、糖粉混合。

制作法式蛋白霜

1. 蛋白加入蛋白粉，高速打发。

2. 将蛋白打至硬性发泡，分三次加入糖粉。

3. 当蛋白打发到提起打蛋器有尖角直立的状态时，
蛋白霜打发完成。

混合面糊

1. 倒入一半粉类到蛋白霜中，用橡皮刮刀由下往
上温柔搅拌。

2. 翻拌 3~5 次后加入剩余粉类。

3. 温柔地搅拌均匀，让面糊呈现柔软有光泽的状
态即可。

Step 4

挤面糊

1. 裱花袋装上直径 1 厘米左右的圆形裱花嘴，装入面糊。
2. 在烤盘上垫上烤垫，将面糊均匀挤在烤垫上，每个直径约 4 厘米。
3. 挤完之后轻拍烤盘，震出面糊里的气泡，并用牙签挑破表面的气泡。
4. 静置面糊至结皮，结皮时间长短没有死板规定，按当天湿度而定。

Step 5

烘焙方式

1. 放入预热 160℃的烤箱中下层，上下火烘焙 12 分钟。
2. 烤好后取出烤盘，待凉却拿下饼身，以备夹馅。

基础奶油霜做法
· Buttercream ·

　　基础奶油霜是最常见的马卡龙内馅，既可独立使用，又可以和水果粉、风味糖浆混合，制成各种口味的马卡龙，所以多做一些放在冰箱备用吧！

材料（约 50 枚左右）

· 奶油霜 ·

蛋黄 ············ 100 克		全蛋液 ········· 220 克
水 ················ 25 克		水饴 ·············· 10 克
糖粉 ············· 125 克		香草精 ············· 5 克
黄油 ············· 280 克		杏仁膏 ············· 20 克

Step 1

　　蛋黄加全蛋液用打蛋器打散，隔水加温至 82℃ ~85℃之间，消毒蛋液。

Step 2

　　水、水饴、糖粉、香草精倒入小奶锅中加热到118℃，倒入 step1 的蛋液中打发蓬松。

Step 3

1. 隔水软化杏仁膏。
2. 将软化的黄油和杏仁膏加入蓬松的蛋液中用搅拌机打顺滑，平铺到烤盘上，盖上保鲜膜冷藏保存。

※ 鸡蛋液容易滋生细菌，引起生蛋液变质的主要原因是沙门菌污染和微生物穿过蛋壳侵蚀蛋液。所以要加热到适当温度杀菌，才能保证吃得健康。隔水加热到 82℃ ~85℃是最佳杀菌温度，高于85℃鸡蛋液会凝固，低于 80℃则达不到杀菌效果。消毒过程中请持续搅拌。

马卡龙内馅——甘纳许做法
· Ganaches ·

甘纳许（Ganaches）是非常古老而经典的巧克力制作工艺，巧克力与鲜奶油一起，成品苦甜芳香，充满回味，也是市面上最常见的马卡龙夹馅之一。

· 甘纳许 ·

黑 / 白巧克力...160 克　　　　液态鲜奶油.....100 克
无盐黄油..........30 克　　　　水饴...................5 克

巧克力切碎隔水融化。

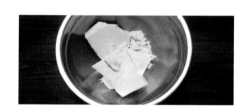

鲜奶油放入小锅中，加入水饴煮沸后关火，加入融化的巧克力，搅拌均匀。

Step 3

加入已软化的黄油，搅拌均匀，置于阴凉处凝固夹馅。

❋ 影响甘纳许口味的关键就在于巧克力。巧克力的可可含量直接影响甜度，记得选择好品质的巧克力哦！

组合马卡龙
· *Combination* ·

完美的马卡龙咬下一口后，口感有着丰富的层次，因此组合马卡龙也是门小学问。

组合完毕的马卡龙可以放入冰箱冷藏吸湿，让饼身与内馅完美融合，成为真正的"酥胸"。

※ 关于马卡龙的保鲜时间，一般冷藏可以保存一周，冷冻可以保存一个月。

春
★ ★ ★ ★ ★
Spring

[樱花奶酪马卡龙] ★ [草莓柠檬马卡龙]

[抹茶马卡龙] ★ [海盐茉莉马卡龙]

[香草糖霜马卡龙] [芒果马卡龙]

★ *Part 2* ★

吃樱花——樱花奶酪马卡龙
· Cherry Bloossom ·

我觉得自己上辈子一定是个吃鲜花的大妖怪。

曾经有一年初春，在台湾一个山涧山房喝茶，茶室坐落于山涧溪水边，樱花如云似霞，草地上落英缤纷，暗香拂人，闻得连喉咙里都仿佛甜丝丝的。

面对此情此景吃花的念头更强烈了，之后一口气带了满满两大瓶樱花酱回来，做成樱花口味马卡龙。把樱花吃进肚子里，就仿佛拥有了整个春日芳菲。

吃樱花——樱花奶酪马卡龙
Cherry Bloossom

饼身（约 50 枚左右）

参考意式马卡龙饼身做法。

饼身外形：樱花粉色圆饼。

内馅材料

奶油奶酪................80 克

白砂糖.....................15 克

柠檬汁.....................2 克

樱花酱.....................5 克

内馅做法

1. 将奶油奶酪和白砂糖混合均匀。
2. 加入柠檬汁，搅拌均匀。
3. 加入樱花酱，用橡皮刮刀拌匀后，用搅拌机打至顺滑状态，平铺在烤盘上，盖上保鲜膜冷藏备用。

Tips

市场上较难买到好吃的樱花酱，不如自己动手 DIY，装进可爱的果酱瓶作为春季伴手礼送给朋友，也是不错的想法！

樱花酱材料

新鲜樱花...............200 朵

蔗糖 ....适量

蜂蜜 ....适量

制作方式

1. 樱花花瓣洗净晾干待用。
2. 按口味加蔗糖捣成花泥。
3. 加蜂蜜搅拌，密封在果酱瓶中 3 天左右即可食用，10 天以内口味最佳。

Tips

糖和蜂蜜可以根据个人喜好添加，糖分越高保质期越长。

亚麻色头发的少女——草莓柠檬马卡龙
The Girl With the Flaxen Hair

亚麻色头发的少女是音乐家德彪西和印象派画家雷诺阿共同的爱，充满了春日气息。

"是谁坐在盛开的苜蓿花丛中，
自清晨起就在放声歌唱？
那是一位有着亚麻色头发的姑娘，
她的樱桃般的嘴唇美妙无双。
在夏日明亮的阳光下，
云雀的歌声在回荡，
爱情在她的心中发芽滋长。"

温柔宁静的旋律流转在花满枝桠的午后花园，
浓密的亚麻色头发上的蝴蝶结发带被暖风扬起。
春天是少女的季节，一起来做一款少女的马卡龙吧！
草莓的甜、覆盆子的酸、柠檬的香，
没有什么比这些口味搭在一起更少女了！

亚麻色头发的少女——草莓柠檬马卡龙
·The Girl With the Flaxen Hair·

Macaron

内馅中的细节

A：覆盆子草莓果酱制作方式

1. 混合砂糖与果胶，避免结块。
2. 压碎草莓果肉，一起放入奶锅中小火加热。
3. 冒出水蒸气沸腾后，调到中火。
4. 保持搅拌，果酱烧到较为黏稠状态，此时可以关火。
5. 将冰冻覆盆子果泥全部倒入，搅拌均，入冰箱冷藏即可。

B：糖渍柠檬制作方式

　　将一只柠檬切片，放进密封的果酱罐子里，表面撒满白砂糖，盖上瓶盖放进冰箱冷藏 2 天。

Tips
果泥的香气会随着温度升高而变少，所以一定要事先冰冻哦！

饼身（约 50 枚左右）

参考意式马卡龙饼身做法。

饼身外形：亚麻色系圆饼。

内馅材料

基础奶油霜 .... 500 克

A：草莓果肉 .... 200 克

　　柠檬汁 .... 10 克

　　白砂糖 .... 125 克

　　苹果果胶 .... 5 克

　　覆盆子果泥 .... 70 克

B：糖渍柠檬（小块）........ 适量

组合

1. 先将糖渍柠檬切成 1 厘米的块状。
2. 最外面一圈挤上奶油霜，中间一圈覆盆子果酱，当中放一小片糖渍柠檬，盖上另一片饼身组合完毕。

装饰

　　有玲珑少女心的朋友们可以用翻糖装饰少女马卡龙。选择心爱的蝴蝶结食用模具，用翻糖或者巧克力硅胶压模，刷上珠光粉即可。

抹茶森林——抹茶马卡龙
Matcha Forest

抹茶是用天然臼碾磨成粉状的茶，

以其浓郁醇厚的香气一直被大家喜爱。

谷雨乍过茶事好，

将抹茶的香醇融入马卡龙中，

苦甜滋味唇齿留香。

这次让我们换个方式品茶吧，

至少你不用担心茶会凉掉。

抹茶森林——抹茶马卡龙
·Matcha Forest·

饼身（约 50 枚左右）

在饼身中加入少许抹茶粉，用结皮法烤制抹茶风味饼身。

【TPT 面糊】

杏仁粉.................200 克

糖粉....................200 克

蛋白...................75 克

抹茶粉.................5 克

【意式蛋白霜】

蛋白.....................75 克

蛋白粉.................1 克

【糖浆】

糖.....................100 克

水....................50 克

装饰

烤制之前也可以在饼身上筛上少许抹茶粉。

内馅材料

基础奶油霜.................250 克

抹茶粉.........................20 克

内馅做法

将抹茶粉加入基础奶油霜搅拌顺滑即可夹馅。

Tips

请参考第 25 页意式蛋白霜做法，抹茶马卡龙在圆饼里加入了抹茶粉，除了代替色素，也可以使整体风味更为融洽。

51

茉莉香颂——海盐茉莉马卡龙
· Jasmine Chanson ·

我有个朋友叫Jasmine，令人生气的是她永远是个苗条的大吃货。

为了让她长胖一点，我决定以她名字"茉莉"为口味做一款马卡龙。

找来一些茉莉花茶和海盐，香而不浊的茉莉香片总能让人闻到春天的气息。

将花香、海盐与茶味融入马卡龙，一口咬下，口感柔和，清香扑鼻，海盐将茉莉的香甜彻底释放开来，结果连我自己也吃得停不下来。

最后阴谋没有得逞，还被她嘲笑了一番，真讨厌啊。

茉莉香颂——海盐茉莉马卡龙
Jasmine Chanson

饼身（约 50 枚左右）

参考意式马卡龙饼身做法。

饼身外形：白色圆饼。

内馅材料

白巧克力 .... 100 克

液体淡奶油 .... 100 克

茉莉花草茶 ....10 克

海盐 ....1 克

黄油 .... 30 克

内馅中的细节

茉莉花草茶是指干燥的茉莉花朵，市面上很容易买到。也可选用茉莉花茶包，由绿茶和茉莉花组成的风味也值得一试，可按照个人口味酌情添加。

装饰

没有比珠光莹白更适合茉莉口味的马卡龙了！刷点珍珠色的珠光粉吧！

内馅做法

1. 将淡奶油、海盐倒入奶锅煮沸后关火。

2. 加入茉莉花搅拌，盖上锅盖焖10分钟左右。

3. 将煮过的茉莉花茶奶油过筛。

4. 白巧克力隔水融化，与过滤后的奶油搅拌至融化。

5. 将软化的黄油加入锅里搅拌至均匀顺滑，倒入碗内置于常温下，凝固即可夹馅。

小婚礼——香草糖霜马卡龙
• My Little Dear Wedding •

道之不尽的惊喜，乐不可支的饭席，沐浴日光的草地，
还有满载幸福的你。

谁说婚礼蛋糕只能是"蛋糕"呢？
将不同大小的马卡龙饼装饰成迷你的"婚礼蛋糕"，代
替传统喜糖送给来宾，想必会给人一份充满创意的惊喜，为
小清新的婚礼锦上添花。

小婚礼——香草糖霜马卡龙
My Little Dear Wedding

内馅中的细节
糖霜的制作
蛋白版

1. 糖粉过筛备用。
2. 蛋白打发至粗泡，加入全部糖粉，低速搅拌均匀。
3. 加入水饴，中速打发 5~7 分钟，直到糖霜形成挺拔的尖峰。

糖霜的装饰在国外很流行，多运用于饼干与翻糖上。凝固后变硬成为哑光质感，非常受欢迎。

蛋白粉版本

1. 10 克 WILTON 蛋白粉加入 30 毫升温水调匀。
2. 筛入 165 克糖粉搅拌均匀即可。

Tips
蛋白粉版本的糖霜质感更厚实，也省略了生鸡蛋的消毒与打发步骤。

饼身（约 50 枚左右）

参考意式马卡龙饼身做法。
饼身外形：分别烤制直径 8 厘米、6 厘米、4 厘米、2 厘米的马卡龙饼身。

内馅材料

将基础奶油霜做好后，加入几滴香草精，搅打均匀，即可制成香草奶油霜。

装饰材料

1. 装饰糖珠……… 适量
2. 装饰糖霜
   蛋白 ………… 110 克
   糖粉 ………… 450 克
   水饴 ………… 5 克
3. 翻糖花朵

组合方式

1. 将马卡龙饼身内侧涂抹奶油霜，放在大一码的饼身上，叠加起来，做成"主蛋糕体"。
2. 每一层马卡龙边缘裱一圈糖霜，用镊子装饰糖珠。
3. 制作翻糖糖花放于顶部。

母亲节的花——芒果马卡龙
• Flowers for Mum •

母亲节

送给妈妈

一盆

甜蜜的花吧!

母亲节的花——芒果马卡龙
Flowers for Mum

Macaron

装饰 1 材料

花盆的制作（约 12-15 个左右）

需要准备 7 厘米 X 5 厘米左右的中空塔模。

低筋面粉 170 克

杏仁粉......20 克	盐 ....1 克
糖粉..........70 克	无盐奶油 .. 90 克
可可粉......15 克	蛋黄 ....35 克

制作步骤

1. 面粉、杏仁粉、糖粉、可可粉、盐分别过筛。
2. 将粉类和冷藏状态的黄油摩擦混合。
3. 分次加入鸡蛋低速搅拌，直到形成面团。
4. 保鲜膜包裹面团，并冷藏 3 小时以上。
5. 将面团摊平套入塔模，面上多余部分可以用小刀刮掉。
6. 用叉子在塔皮上打洞防止膨胀。
7. 入烤箱上下火 180℃，烤 15 分钟。

饼身（约 50 枚左右）

参考意式马卡龙饼身做法。

饼身外形：橘黄色圆饼。

内馅材料

| 新鲜芒果肉 ....200 克 |
| 吉利丁片 ....5 克 |
| 全蛋 ....2 只 |
| 糖粉 ....100 克 |
| 玉米淀粉 ....10 克 |
| 黄油 ....200 克 |

内馅做法

1. 芒果果肉打碎过筛。吉利丁片在冰水中泡软。
2. 鸡蛋、糖、玉米淀粉拌匀，再加入芒果泥拌匀。
3. 放入已软化的吉利丁片，可以加少许橘色色素。
4. 加入软化的黄油搅拌顺滑。
5. 将内馅冷藏至凝固可夹馅状态，夹馅过程中插入纸棒，再盖上另一片饼身。

母亲节的花——芒果马卡龙
Flowers for Mum

装饰 2 材料
巧克力蛋糕（约 12 个左右）

黄油.........75 克　　苏打粉........2 克

糖粉.......100 克　　泡打粉........2 克

鸡蛋液....100 克　　黑巧克力..80 克

低筋面粉 150 克　　牛奶....100 毫升

制作步骤

1. 黄油软化加入 50 克糖粉搅拌蓬松。

2. 分次加入蛋液。

3. 搅拌均匀后加入所有粉类低速搅拌均匀。

4. 牛奶和巧克力低温加热到巧克力融化，加入步骤 3 的搅拌物中，继续低速搅拌。

5. 搅拌均匀后入模烘烤，165℃，18 分钟。

组合

　　送给妈妈的小花当然是装在好吃又好玩的花盆里啦。

1. 用塔皮代替花盆。

2. 用做塔皮的模具刻出一整只巧克力杯子蛋糕，填入塔皮。

3. 刨出蛋糕碎屑覆盖在花盆里，插入马卡龙。

装饰

　　在花盆上装饰蝴蝶结，送给妈妈吧！她一定很高兴！

夏

★ ★ ★ ★ ★

Summer

[海盐香蕉百香果马卡龙] ★ [黑醋栗马卡龙]

[黑森林蛋糕马卡龙] ★ [薄荷椰子马卡龙]

[柠檬薄荷马卡龙] ★ [薰衣草蜜桃马卡龙]

★ *Part 2* ★

儿童节——海盐香蕉百香果马卡龙
·Children's Day·

儿童节当然不只是小孩子的节日，

拨开层层的世俗，放弃倚老卖老的姿态，保持童心不难，

只要你愿意，天天都是儿童节。

在这个普天同庆的节日，

做点好玩可爱的马卡龙送给小朋友们和自己吧！

儿童节——海盐香蕉百香果马卡龙
·Children's Day·

内馅中的细节
A 巧克力甘纳许做法

1. 鲜奶油煮沸。
2. 巧克力切碎后加入奶油中搅拌均匀。
3. 加入软化黄油，搅拌机搅拌顺滑，放置室温下凝固。

B 糖渍香蕉做法

1. 香蕉切成0.5厘米厚的原片，淋上柠檬汁。
2. 加入加热融化后的奶油，混合糖粉和百香果泥。
3. 香蕉捣成泥关火，磨平成3~5厘米的厚度，冷冻备用即可。

C 海盐巧克力做法

隔水融化巧克力，加入海盐调温，抹平在保鲜膜上，在完全变硬前切成1.5厘米的块状。

饼身（约20枚左右）

参考意式马卡龙饼身做法，样子不局限，哆啦A梦、HELLO KITTY、棒棒糖，各种好玩的形状都可以发挥创意。

内馅材料

A 巧克力甘纳许

液态鲜奶油 .....200 克
牛奶巧克力 .....200 克
无盐黄油 .... 80 克

C 海盐巧克力

黑巧克力 ....70 克
盐之花 ....1 克

B 糖渍香蕉

香蕉果肉 ....180 克
柠檬汁 .... 10 克
百香果泥 .... 10 克
无盐黄油 .... 10 克
糖粉 .... 10 克

组合

在饼身上挤上甘纳许，放上糖渍香蕉与海盐巧克力即可。

Tips

顶级盐之花 Fleur de sel，是法国盐田表面结的一层结晶，像水晶一样非常美丽，本身口感丰富，甚至带一些甘甜，是一种较昂贵的食材。

爸爸的胡子——黑醋栗马卡龙
Daddy's Gift

爸爸就像一棵大树，永远是女儿最大的依靠。

每个人小时候都被爸爸的胡子蹭过吧！

父亲节做些可爱胡子马卡龙送给他吧！

爸爸的胡子——黑醋栗马卡龙
Daddy's gift

饼身（约50枚左右）

参考意式马卡龙饼身做法。

饼身外形：打印胡子图形，垫在玻璃纤维垫下面，用小号的裱花嘴挤面糊。

内馅材料

全蛋 .... 125 克

糖粉 .... 125 克

黑醋栗果泥 .... 110 克

无盐黄油 .... 185 克

玉米淀粉 .... 10 克

内馅做法

1. 黑醋栗果泥放入锅中加热，沸腾后关火。

2. 将全蛋、白砂糖、玉米淀粉混合后快速搅拌，加入步骤1的果泥，加热直到快要沸腾出现小气泡就关火。

3. 过滤步骤2混合物，降温到50℃左右，放入软化的黄油高速搅拌至顺滑。

4. 盖上保鲜膜冷藏至可夹馅状态。

装饰

可以用色素笔画上一些胡子的纹路，会变得更加有趣味哦！

73

夏洛特小姐的蕾丝梦——黑森林蛋糕马卡龙
• *Charlotte's Lace Dream* •

19岁的夏洛特小姐是热衷于性感与甜美混搭的蕾丝控。

当蕾丝在马卡龙上绽放，白色婉约甜蜜，黑色神秘娇艳，

而富有层次的黑森林蛋糕口味更是让夏洛特的仲夏夜之梦充满甜蜜色彩。

用糖蕾丝装饰马卡龙，让本就以精致著称的马卡龙美到无懈可击。

夏洛特小姐的蕾丝梦——黑森林蛋糕马卡龙
Charlotte's Lace Dream

饼身（约 50 枚左右）

参考意式马卡龙饼身做法。

饼身外形：白色和浅橘色饼身。

内馅材料

巧克力樱桃甘纳许

液态鲜奶油 .....200 克

黑巧克力 ....200 克

无盐黄油 ....80 克

樱桃酒 ....10 克

樱桃果酱 ....适量

内馅做法

1. 奶油煮沸关火，加入巧克力，搅拌均匀。
2. 黄油切块，与樱桃酒一起加入步骤 1 的混合物中，搅拌均匀。
3. 静置室温下凝固备用。

组合

挤上一圈樱桃甘纳许，中间挤上樱桃果酱，组合即可。

Tips

饼身上面的蕾丝部分可以用糖蕾丝完成。市面上可以买到进口的蕾丝粉，值得一试。

在海边——薄荷椰子马卡龙
On the Beach

如果你试过夏天在海边买一个大椰子，

甘甜的椰子汁喝进嘴里的瞬间，

幸福感一定直线飙升。

用薄荷与椰子调味，加上白巧克力，

做成珍珠蚌的样子，一口下去，

夹着薄荷的清凉与椰子的浓郁香味，

马上自行脑补海边的度假模式吧！

饼身（约 50 枚左右）

参考意式马卡龙饼身做法。

饼身外形：蓝色的海贝形状饼身，裱花袋剪个小口竖着画饼壳吧！没你想得那么难哦。

内馅材料

奶油奶酪..........................80 克

白砂糖.......................... 15 克

新鲜薄荷叶 / 薄荷糖浆……10 克

浓缩椰浆 ....5 克

白巧克力球 ....适量

内馅做法

1. 将奶油奶酪和白砂糖混合均匀。
2. 薄荷糖浆与浓缩椰浆加入步骤 1 的混合液中用搅拌机搅拌顺滑。

组合

1. 一片贝壳上填一圈奶油酱。
2. 在中间放入巧克力珍珠，可刷上少许珍珠色粉。
3. 斜放上另一片贝壳，一个栩栩如生的珍珠贝就做好啦！

冰淇淋的夏天——柠檬薄荷马卡龙
Frozen Summer

没有人会不爱冰淇淋吧！

冰凉薄荷和酸甜柠檬模拟冰淇淋风味，

在炎热的下午从冰箱取出几枚清凉一夏！

冰淇淋的夏天——柠檬薄荷马卡龙
· Frozen Summer ·

组合

1. 饼身上可自行发挥冰淇淋款式。
2. 可撒上装饰糖粒，效果更逼真。

饼身（约 50 枚左右）

参考意式马卡龙饼身做法。

饼身外形：

可以巧妙利用饼干模具勾勒马卡龙外形，将勾勒完毕的图形垫在玻璃纤维垫下面，用小号的裱花嘴挤面糊。此方法也适用于任何你喜欢的图形。

内馅材料

全蛋	200 克
白砂糖	200 克
柠檬汁	100 克
柠檬皮	12 克
薄荷叶	10 克
玉米淀粉	5 克
无盐黄油	250 克

内馅做法

1. 柠檬汁、柠檬皮、切碎的薄荷叶屑放入小锅煮沸关火。
2. 全蛋、糖、玉米淀粉快速混合搅拌。
3. 将 1 的混合物加入步骤 2 的混合物中，加热到稍黏稠关火并过筛凉却。
4. 加入软化的黄油搅拌顺滑即可。

薰衣草季节——薰衣草蜜桃马卡龙
Lavender Season

薰衣草不像玫瑰那样浓烈，

也不似百合那样淡然，

更多的是一种怀旧情结。

将花香融入马卡龙的内馅，唇齿留香，

它就是八月最好的明信片，

替你纪念这个夏天，留住夏日的尾巴。

薰衣草季节——薰衣草蜜桃马卡龙
Lavender Season

饼身（约 50 枚左右）

　　参考意式马卡龙饼身做法。

　　饼身外形：紫红色圆饼。

内馅材料

　　白巧克力.......................100 克

　　杏桃果泥.......................80 克

　　可可脂..........................5 克

　　薰衣草糖浆 / 浓缩汁........ 适量

　　丁香粉..........................1 克

　　肉桂粉..........................1 克

　　紫色色素.......................适量

内馅做法

1. 混合果泥、丁香粉、肉桂粉、薰衣草糖浆。

2. 混合白巧克力和可可脂，隔水融化。

3. 步骤 1 中的面糊加热至 50℃左右，分次加入步骤 2 的混合物中搅拌均匀。

4. 用打蛋器将内馅搅拌顺滑，滴少许紫色色素，盖上保鲜膜放入冰箱冷藏至可夹馅状态。

Tips

薰衣草口味的马卡龙可以用紫色或者紫红着色。上面可以撒上少许薰衣草干花的花瓣。

秋

★ ★ ★ ★

Autumn

[百香果玫瑰马卡龙] ★ [咸焦糖奶油马卡龙]

[朗姆酒覆盆子马卡龙] ★ [南瓜蜜橘马卡龙]

[茶味马卡龙] ★ [樱桃开心果马卡龙]

★ *Part 2* ★

小花痴——百香果玫瑰马卡龙
Anthomaniac

天气渐渐凉下来，

小花痴们沉溺了一个夏天，

要出门活动啦！

玫红加亮橘的拼色马卡龙，

对应的分别是玫瑰和百香果口味，

替你点亮整个初秋，

玩味慵懒了一个夏季的味蕾。

小花痴——百香果玫瑰马卡龙
Anthomaniac

饼身（约 50 枚左右）

参考意式马卡龙饼身做法。

饼身外形：白色和浅橘色饼身。

内馅材料

A 玫瑰奶油酱

无盐黄油......60 克

生杏仁膏......60 克

玫瑰果酱......20 克

B 百香果甘纳许

百香果泥......20 克

白巧克力......60 克

液态鲜奶油 ..60 克

无盐黄油......20 克

内馅做法

1. 将 A 的材料放在打蛋盆中混合，搅拌顺滑即成玫瑰奶油酱。
2. 百香果泥加入液态鲜奶油煮沸。
3. 巧克力隔水融化，加入煮沸的奶油糊，搅拌均匀。
4. 加入无盐黄油，用搅拌机搅拌顺滑即可。

组合

外面挤一圈百香果甘纳许，中间挤上玫瑰奶油酱。

Tips

杏仁膏混合了去皮的杏仁与糖粉，加工成糊状后用蒸汽方式加热，制成膏状材料，杏仁与砂糖的比例基本为 2:1，是常见的法式甜点素材。

秋
Autumn
【九月】

去郊游——咸焦糖奶油马卡龙
An Autumn Outing

秋高气爽郊游日，

带上美味的汉堡包马卡龙去拥抱大自然吧！

入口即化的甘甜夹杂一丝微苦，

完全就是小时候吃的奶油太妃口味，

用咸焦糖中和饼身的甜度，薄荷叶和树莓相得益彰，

甜蜜的"小马"华丽转身，别有一番风味。

去郊游——咸焦糖奶油马卡龙
An Autumn Outing

饼身（约 50 枚左右）

参考意式马卡龙饼身做法。

饼身外形：烤制直径 6 厘米左右的饼身。

结皮之后可以撒上适量的白芝麻，这样就更加像汉堡包的面包部分了。

内馅材料

白砂糖...........140 克

液态鲜奶油....100 克

无盐黄油.........50 克

粗盐 ....0.5 克

薄荷叶.............适量

树莓果泥..........适量

内馅做法

1. 白砂糖粉加入奶锅中，小火加热，使所有白砂糖溶解，变成焦糖色后关火。
2. 加入无盐黄油搅拌顺滑后加入液态奶油，搅拌均匀。
3. 继续加热焦糖浆，加入粗盐，搅拌到无气泡状态。
4. 盖上保鲜膜冷藏至可夹馅状态。

组合

先挤上焦糖酱，再盖上薄荷叶，点缀红色树莓果酱。

萨曼莎的豹纹——朗姆酒覆盆子马卡龙
Samantha's Leopardy

我是美剧《欲望都市》的超级粉丝，

来来回回起码看了不下5遍。

我在纽约工作的时间里，曾花了半天时间从上城跑到下城去找剧中女主

角最爱吃的 Cupcake，虽然口味对于亚洲人来说过于甜腻，

但还算快乐地实现了一个心愿。

那我就以这部美剧为灵感设计一款马卡龙吧！

这款豹纹马卡龙最像里面的萨曼莎：热烈、性感、豪放，永远有自己的见解。

用覆盆子甘纳许调和朗姆酒的组合也非常值得期待。

萨曼莎的豹纹——朗姆酒覆盆子马卡龙
· Samantha`s Leopard ·

内馅做法

A 覆盆子巧克力甘纳许做法

1. 在鲜奶油中加入覆盆子果泥，煮沸关火。
2. 加入隔水溶化的黑巧克力，搅拌均匀后倒入朗姆酒。
3. 加入已软化的黄油，用搅拌器搅拌顺滑。

B 覆盆子果酱

1. 混合白砂糖和果胶，搅拌均匀。
2. 小火加热覆盆子果肉，微热后加入步骤 1 的混合物，调到中火持续搅拌至黏稠。
3. 凉却后即可夹馅。

饼身（约 50 枚左右）

参考意式马卡龙饼身做法。

内馅材料

A 覆盆子巧克力甘纳许

覆盆子果泥.......50 克

黑巧克力.........100 克

朗姆酒.............20 克

液态鲜奶油.....100 克

黄油...............30 克

B 覆盆子果酱

覆盆子果肉...100 克

柠檬汁 ....10 克

白砂糖 ....120 克

苹果果胶..........5 克

组合

1. 先在饼身上用色素笔勾勒豹纹图案，随后夹馅。
2. 先挤一圈甘纳许，中间挤上覆盆子果酱。

万圣节的南瓜马车——南瓜蜜橘马卡龙
• The Pumpkin Carriage •

万圣节于我们来讲，

更像一个丰收季狂欢的借口，

不是在西方长大的孩子，

提起万圣节，脑海中更多的印象是南瓜灯和玉米糖。

"Trick or treat."（不给糖就捣蛋）仿佛也被蒙上了一层俏皮的面纱，

各种南瓜口味的美食接踵而至。

将马卡龙做成大家熟悉的杰克南瓜灯，

正好用来点缀万圣节派对，

满足想要恶作剧的小小愿望。

万圣节的南瓜马车——南瓜蜜橘马卡龙
The Pumpkin Carriage

Macaron

A 南瓜布丁做法

1. 吉利丁片放入冰水中泡软。
2. 将材料 a 放进盆中混合，加入快要煮沸的牛奶。
3. 吉利丁片放入步骤 2 的混合物中，加入材料 b 混合均匀。
4. 将步骤 3 混合物过筛后倒入烤盘中，隔水加热。

B 奶油酱做法

1. 吉利丁片放入冰水中泡软。
2. 白砂糖放入锅中，以小火加热至焦褐色，放入无盐黄油后关火。
3. 鲜奶油煮沸后加入步骤 2 的混合物中，再放入吉利丁片，用橡皮刮刀拌匀。加入盐搅拌，静置冷却。

饼身（约 50 枚左右）

参考意式马卡龙饼身做法。

饼身外形：南瓜色圆饼。

内馅材料

A 南瓜布丁

 a 全蛋.......... 50 克

  白砂糖....17.5 克

 b 南瓜泥........ 50 克

  香草精........ 1 克

  牛奶.......... 50 克

  吉利丁片..... 1 克

B 奶油酱

 奶油霜.........150 克

 焦糖酱.........65 克

 白砂糖.......... 50 克

 无盐黄油........10 克

 鲜奶油.......... 50 克

 吉利丁片.........2 克

 盐.................. 1 克

组合

1. 将一小圈的布丁摆在底层圆饼上，放上一些橘子果肉，并组合起来。
2. 用色素笔或巧克力笔画上南瓜脸蛋，万圣节马卡龙就完成啦！

107

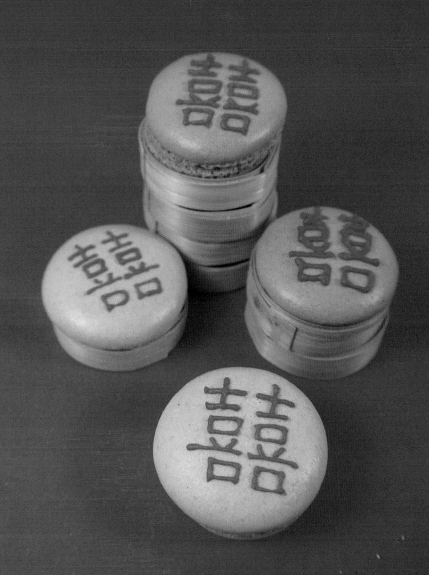

参加一场中式婚礼——茶味马卡龙
•A Chinese Wedding•

秋意渐浓,

婚礼的色系也变得浓郁起来。

如果你的朋友决定举办一场中式婚礼,

那么你可以选择送他们这样一份小礼物。

将中式元素"囍"字用在马卡龙上,

是不是在喜庆中透着一份高端洋气呢?

一起来制作中西合璧的小喜饼吧!

参加一场中式婚礼——茶味马卡龙
A Chinese Wedding

饼身（约 50 枚左右）

参考意式马卡龙饼身做法。

饼身外形：南瓜色圆饼。

内馅材料

液态鲜奶油 .... 100 克

牛奶巧克力 .... 100 克

红茶包..............30 克

无盐黄油..........50 克

组合

制作红色糖霜，在饼身上写上"囍"，搭配迷你蒸笼，使原本西式的马卡龙呈现别样的感觉。

内馅做法

1. 鲜奶油煮沸关火，加入茶包，盖上盖子焖 10 分钟，再将茶味奶油过筛。

2. 加入隔水融化后的牛奶巧克力，搅拌均匀。

3. 再加入软化的黄油，搅拌顺滑。

宝贝，宝贝——樱桃开心果马卡龙
·My Little Baby·

小宝贝的呱呱落地给了全家无限的惊喜。

漂亮的嘴巴、清澈的眼神，

用开心果和樱桃果酱调味，

做一份美滋滋的婴儿喜饼送给亲朋好友分享喜悦吧。

宝贝，宝贝——樱桃开心果马卡龙
My Little Baby

饼身（约 50 枚左右）

参考意式马卡龙饼身做法。

饼身外形：肤色圆饼。

内馅材料

A 开心果奶油酱

基础奶油霜 ....250 克

开心果酱 ....50 克

B 酸甜樱桃果酱 ....150 克

柠檬汁 ....5 克

白砂糖 ....10 克

苹果果胶...............5 克

组合

1. 用不同颜色的糖霜在喜饼上绘制卡通表情。

2. 饼身边上先挤一圈开心果奶油酱,中间挤上酸甜樱桃果酱。

内馅做法

1. 将材料 A 打顺滑。

2. 将材料 B 混合，边煮边搅拌，避免结块，煮沸后关火冷藏。

115

冬

★ ★ ★ ★ ★
Winter

[榛果奶油马卡龙] ★ [姜汁蜜糖马卡龙]

[鹅肝酱奶酪马卡龙] ★ [咖啡欧蕾马卡龙]

[香草奶油马卡龙] ★ [覆盆子巧克力马卡龙]

★ *Part 2* ★

下雪天——榛果奶油马卡龙
Snowman

晶莹剔透的冰天雪地，

做一组应景的马卡龙吧！

在"雪花"中堆一些马卡龙小雪人。

不但被它们的外表萌到，

醇厚的榛果内馅也让味蕾产生温暖的满足感呢！

下雪天——榛果奶油马卡龙
Snowman

饼身（约 50 枚左右）

参考意式马卡龙饼身做法。

饼身外形：制作直径 6 厘米和 4 厘米的白色圆饼，作为雪人马卡龙饼身。

制作直径 4 厘米的水蓝色圆饼，作为雪花马卡龙饼身。

内馅材料

基础奶油霜 .....250 克

榛果酱.............30 克

榛子 .... 5 克

组合

1. 在饼身上用糖霜绘制雪花图案和雪人表情。
2. 如果要制造雪花晶莹剔透的效果，可刷上白色的珠光色粉。

内馅做法

1. 用料理机将榛子打碎。
2. 加到基础奶油酱中，倒入榛果酱。

圣诞节——姜汁蜜糖马卡龙
Christmas Day

大红大绿的圣诞节，做点另类的"姜饼"吧！

姜汁马卡龙既保留了传统的红糖姜饼风味，色彩却不似姜饼小人般暗沉，

五彩缤纷夺人眼球，更加让人爱不释手！

圣诞节——姜汁蜜糖马卡龙
· Christmas Day ·

饼身（约 50 枚左右）

参考意式马卡龙饼身做法。

饼身外形：按照图纸挤出相应的圣诞元素饼身——袜子、圣诞树、糖果等等。

内馅材料

A 姜味奶油酱

姜粉 ....8 克

肉桂粉......................1 克

无盐黄油............. 60 克

杏仁膏..................... 60 克

红糖 .... 20 克

B 蜜糖奶酪

蜂蜜 .... 18 克

奶油奶酪....... 60 克

内馅做法

1. 软化黄油，加入红糖打发均匀。

2. 加入姜粉、肉桂粉和杏仁膏，搅拌顺滑即可。

3. 奶油奶酪与蜂蜜搅拌均匀，平铺在烤盘上，冷冻后切成直径 0.5 厘米左右的奶酪块。

Tips

杏仁膏在冬天比较硬，可以先隔水软化。

组合

1. 外围挤一圈姜味奶油酱，中间放蜜糖奶酪。

2. 如果想要突出节日气氛，可以在马卡龙表面刷一层金粉，用可爱的饼干袋包装起来挂在圣诞树上吧！

过新年——鹅肝酱奶酪马卡龙
Happy New Year

红红火火的新年，　呼朋唤友到家里来玩，

亲自做些马卡龙招待亲朋好友吧。

鹅肝酱奶酪在红色的马卡龙里香气扑鼻，

上面撒些洋气的食用金箔，

谁会拒绝这样闪闪发光的小可爱呢？

过新年——鹅肝酱奶酪马卡龙
Happy New Year

饼身（约50枚左右）

在饼身中加入少许盐和胡椒粉,用结皮法烤制咸味饼身。

A TPT 面糊
杏仁粉 ....200 克
糖粉 ....200 克
蛋白 ....75 克
盐粉 ....2 克
胡椒粉 ....2 克

B 糖浆
糖 ....100 克
水 ....50 克

C 意式蛋白霜
蛋白 ....75 克
蛋白粉 ....1 克

内馅材料

无花果酱 ....100 克
鹅肝酱或鸭肝酱 ....100 克
奶油奶酪 ....100 克
胡椒粉 ....2 克

内馅中的细节

1. 无花果酱放在小锅中煮黏稠关火,凉却待用。
2. 奶油奶酪、胡椒粉、鹅肝酱混合搅拌顺滑。
3. 加入已经凉却的无花果酱搅拌均匀。

组合

马卡龙上可以撒一些食用金箔装饰,朱红和金色的绝妙组合看上去更有喜庆效果。

Tips

在圆饼里加入盐和胡椒粉,可以使整体风味更为融洽。
要调出高饱和度的红色马卡龙,色粉是更好的选择。
参考意式马卡龙饼身做法。

129

竹炭咖啡——咖啡欧蕾马卡龙
• *Bamboo-charcoal Coffee* •

黑暗系的马卡龙特别适合那些很酷的朋友们。

暖冬的下午，来几枚咖啡欧蕾口味"小马"，搭配一杯红茶，

一个下午就这样安然地过去了。

竹炭咖啡——咖啡欧蕾马卡龙
·Bamboo-Charcoal Coffee·

饼身（约 50 枚左右）

参考意式马卡龙饼身做法。

饼身外形：黑色圆饼。

内馅材料

牛奶巧克力 .... 100 克

液态鲜奶油 .... 100 克

水饴 .... 10 克

浓缩咖啡液 .... 10 克

内馅做法

1. 巧克力隔水融化。

2. 煮沸鲜奶油和水饴，倒入融化的巧克力中，搅拌均匀。

3. 加入咖啡浓缩液，搅拌均匀，静置在阴凉处备用。

Tips

要调出饱和度高的暗黑马卡龙，色粉是更好的选择。
黑色的马卡龙饼身可以用少量竹炭粉代替色粉，但是不易放太多，竹炭粉颜色不如色粉黑。

彩虹甜心——香草奶油马卡龙
Rainbow Sweetheart

就算你不是彩虹控，也不可否认彩虹的梦幻色彩，

绚丽的七彩，特别容易营造纯美浪漫的童话世界。

把彩虹色呈现在单个的马卡龙上，面糊慢慢流淌，

更有一种油画般的美妙质感。

我的每一个朋友拿到彩虹马卡龙都会惊呼，怎么那么美！

其实它的做法没有看上去那样复杂，是既简单又显视觉效果的马卡龙，

作为"小马"爱好者的你不妨试一试吧。

彩虹甜心——香草奶油马卡龙
·*Rainbow Sweetheart*·

饼身（约 50 枚左右）

参考意式马卡龙饼身做法。

饼身外形：制作面糊的时候不用放任何色素，让面糊呈现自然的珍珠白色。

准备红橙黄绿蓝紫六色（也可以根据自己喜好安排颜色），准备六根牙签，一根牙签沾一种颜色，将已沾色的牙签从裱花袋口伸到裱花袋内部，由裱花嘴从下往上画颜色。

完成六种颜色的沾染，尽量保证每种颜色距离平均，色素量相当，挤出的彩虹马卡龙才会颜色均衡。

内馅材料

将基础奶油霜做好后，加入几滴香草精，搅打均匀，即可制成香草奶油霜。

组合

饼身凉却夹馅即可，这可是能惊艳到人的好礼物！

Tips

具体制作方式可以扫描二维码进入我的土豆烘焙频道《马马卡卡龙龙》。

情人节——覆盆子巧克力马卡龙
Valentine's Day

情人节除了鲜花和巧克力，

让爱心马卡龙和马卡龙塔再添一份甜蜜吧。

不用太担心身材，

真正爱你的人不会因为你的胖瘦而改变爱意。

情人节——覆盆子巧克力马卡龙
Valentine's Day

饼身（约 50 枚左右）

参考意式马卡龙饼身做法。

饼身外形：打印爱心图形，垫在玻璃纤维垫下面，用小号的裱花嘴挤粉色面糊。用糖霜将马卡龙饼身固定在锥形塔模上。

内馅材料

A 覆盆子巧克力甘纳许

覆盆子果泥 .... 50 克

黑巧克力 .... 100 克

朗姆酒 .... 20 克

液态鲜奶油 ...... 100 克

黄油 .... 30 克

B 酸果奶油酱

基础奶油霜 ...... 100 克

黑樱桃果泥 .... 20 克

黑醋栗果泥 .... 20 克

内馅中的细节

A 覆盆子巧克力甘纳许

1. 在鲜奶油中加入覆盆子果泥，煮沸关火。
2. 隔水融化的黑巧克力，搅拌均匀。
3. 加入已软化的黄油，搅拌器搅拌顺滑。

内馅中的细节

B 酸果奶油酱

将所有内馅材料 B 搅拌顺滑即可。

组合

1. 沿着饼身轮廓挤上甘纳许，挤甘纳许时稍偏内侧，以免夹馅溢出。
2. 中间挤上酸果奶油酱。

附 录

★★★★★

Excursus

★ Part 3 ★

胖嘟嘟吃货的世界美食不完全手册

世界让我看到太多美丽、美好、绚烂，它们丰富并柔软着自己。

吃过美食看过美景之后，还剩下什么呢？

一本没有多少空白页的护照，一部没剩太多空间的相机，永远沉甸甸的背包和写满字的笔记本，还有更多未知的旅程。

纽约 杯子蛋糕—— 随心所欲的快乐
New York —— Cupcakes

杯子蛋糕充满着美国式的简单、幽默和快乐。简单的配比与随心所欲的装饰，成为让路人喜闻乐见的甜品。很明显，老美用甜品来表达和法国佬的分庭抗礼：你精致我就随意，你繁复我就纯粹。

还记得《欲望都市》（SEX & THE CITY）里 Carrie 和 Amanda 拿着 Cupcake 边走边聊，穿过一个又一个纽约街区的场景吗？

于是我特地花了半天时间从上城跑到下城，来到剧里的这家杯子蛋糕店：店面没有华丽的装潢，蛋糕没有过度的粉饰，也许这就是杯子蛋糕真正想传递给我们的信号——随心所欲的快乐。

巴黎 法式甜品 —— 一场梦幻茶话会
Pairs —— Pâtisserie

　　铁塔尖如钻般闪烁，城市如水晶球般华美，这里是巴黎。

　　除了马卡龙的奇幻，有更多精致的法式甜品一样让人流连忘返，法国人将他们的浪漫情怀完全融入这些可人的甜品里：蒙布朗栗子奶油的浑厚、拿破仑酥皮与奶油霜的完美组合、歌剧院的优雅细腻、柠檬塔的清爽纯净、焦糖闪电泡芙的回味无穷……这一切都仿佛应该出现在阳光下，盈盈绿草上的一席野餐布中！

　　值得一提的是，法国有很多知名甜品店：Pierre Hermé, Ladurée, Angelina,Chiboust,Paul……不过在你扫这些名店的同时，也不要错过不起眼的小店们，说不定在某个街角的小小咖啡馆，就可以吃到令人惊艳的巧克力 waffle。

　　巴黎的街头，每一次驻足观望都是美景，每一个甜品小店都有大师。

中国台湾 禅意山房 —— 山涧饮的生活禅学
TaiWan — Zen

去食养山房喝茶，是我计划了很久的"茶事"。

恰好春季，落英缤纷的山涧仿佛一卷南宋山水墨画，布局顺势而为，简单唯美，意境深远，连糯软的甜品都变得轻盈起来。

少年时候喜欢碧海蓝天无牵无挂，现在更爱仙山连天向天横，云霞明灭或可睹。人在山中，吃得自在，饮得清净，滋生出山高水长的胸怀，在这样的安静空间，真的会感受到"一杯浊酒喜相逢，半盏清茗味人生"的惬意意境。

埃及 手工酸奶——尼罗河岸边的古朴味道
Egypt — Yoguat

埃及神秘又美丽，尼罗河和盖贝伊城堡、图坦卡蒙和埃及博物馆、神庙和金字塔……游船漫游在尼罗河之上，浓浓的北非风情跃然眼底。

千万不要以为非洲国度没有美食，埃及人酷爱酸奶和咖啡，如果去那里的话，一定要品尝当地人用古法手工酿制的酸奶酱，虽然其貌不扬，但是吃一口，醇厚酸糯，就算最普通的白面包蘸上吃，也有滋有味。

东南亚 海鲜——神奇香料的运用
Southeast Asia — Seafood

对我来说，难吃的东西味道都一样令人难以下咽，美味的食物却各有各的风味。

有一种美食就叫做"东南亚风味"，种类繁多的香料让生鲜的味道更加出类拔萃，却不会太过辛辣和浓厚。

记得在菲律宾的时候，正巧薄荷岛风暴过后，和爸爸妈妈下海潜水挖了不少海胆，撬开了直接吃，鲜甜鲜甜的！

东南亚有了天时地利的好食材，也不乏"人和"的好手法烹饪，东南亚人巧妙运用各种秘制香料：香茅、咖喱、鱼露来调味，佐以浓郁椰子、木瓜、芒果等热带鲜果，赋予了食物刺激又香甜怡人的风味。

果然，好的烹饪是对食材的最好超度啊……

唯有爱与美食不可辜负！我和我的甜品桌们

　　闲暇时候我会担任婚礼上的甜品师，为新人们设计主题甜品桌。

　　而在这一份甜蜜事业的过程中，与新娘们相谈甚欢，收获了珍贵的友谊。

❋ 爱的首映礼 ❋

新娘阿苗是一个心灵手巧的美女，长得有点像安以轩。

认识她是在熙熙攘攘的创意集市上，那时候她在卖她的手工饰品，我卖手工马卡龙。

之后有一天，她在网上加我，问我愿意不愿意为她的婚礼做甜品桌。

于是便有了这场《爱的首映礼》，她的婚礼是别致的紫色系电影主题。

多好的寓意啊！你就是我此生唯一的 Super Star，甜蜜不止，爱的电影也一直在直播。

小睿和她的先生都毕业于音乐学院，音乐完全沁入了他们的浓浓爱意。

音符在马卡龙上跳舞，爱的乐章在饼干上奏鸣着。

就在今天，开启幸福旅程，让我在有你的旋律里跳舞！

＊ 幸福是不会凋零的花朵 ＊

新娘小太阳喜欢马卡龙和棒棒糖蛋糕，

香槟粉的色调优雅而别致。

马卡龙上披上珍珠色泽，饰以粉色花朵，

仿佛空气里都是甜滋滋的味道。

小朋友的森林派对

　　小朋友百日宴，取其名里的"森"字，为他定制了一场森林主题的甜品桌。杯子蛋糕配以抹茶乳酪奶油，装饰小狮子、红蘑菇、小鹿斑比、小兔子……一切仿佛在童话世界里。

　　小兔子在脚边嬉戏，松鼠在枝头跳跃，小宝贝的派对不就是应该这样吗？让我们这些日渐世故的大人们一起回到儿时的童话世界好好开心一番！

　　新娘小萌是个非常甜美的女孩，婚礼和她的人一样，以粉色和爱心为设计元素。爱心萌动的甜品桌两边，马卡龙塔与玫瑰婚礼蛋糕相互呼应，杯子蛋糕与爱心饼干甜蜜粉嫩。谁会不爱这样一桌粉嫩嫩亮晶晶的美好甜品？

　　孔雀华丽、美好，象征着爱情的忠贞不渝。典雅复古的孔雀绿卓尔不群，而以马卡龙塔为原型制作孔雀塔，在婚礼当天赚足了宾客的回头率。杯子蛋糕上的羽毛栩栩如生，让大家都不禁赞叹：太好看了！

✳ 来自星星的你 ✳

"你就是我的星辰，照亮我的幸福之路。"用星星、月亮和云朵这些仙气十足的元素定制甜品桌，整场婚礼如履云雾之中，CAKEPOPS 用黑巧克力包裹着杏仁蛋糕、清新的薄荷乳酪口味杯子蛋糕、别出心裁的星星巧克力勺……十分钟后，甜品桌便被疯抢一空了！

夏末初秋，秋空明月悬，光彩露沾湿。于是，我花了两个晚上在厨房捣鼓，发明了一个完完全全"可以吃的月光宝盒"。由饼干包裹巧克力拼建了盒子主体，填充中秋元素糖霜饼干、桂花风味杯子蛋糕，花灯棒棒糖……这些美好的中秋元素便是这个月光宝盒里的秘密。至于颜色，银珠寓意团圆之喜，金色是月亮这个大玉盘，琉璃色仿佛是"长河渐落晓星沉"，这些美好都装在黛紫古朴宝盒里，让你想起小时候在奶奶家看到的老木盒子。

图书在版编目(CIP)数据

我的马卡龙日记 / 秋珈心著.—上海：上海文化出版社，
2014.7.初版（2014.9.重印）
ISBN 978-7-5535-0247-2

Ⅰ.①我… Ⅱ.①秋… Ⅲ.①甜食—制作 Ⅳ.①TS972.134

中国版本图书馆CIP数据核字（2014）第086355号

出 版 人　王　刚
责任编辑　周雯君
装帧设计　汤　靖
责任监制　陈　平

书　　名　我的马卡龙日记
作　　者　秋珈心
出　　版　世纪出版集团　上海文化出版社
　　　　　　（200020 上海市绍兴路7号 www.cshwh.com）
发　　行　上海世纪出版股份有限公司发行中心
印　　刷　上海丽佳制版印刷有限公司
开　　本　787×1092　1/20
印　　张　8
版　　次　2014年7月第1版 2014年9月第2次印刷
书　　号　ISBN 978-7-5535-0247-2/TS·020
定　　价　48.00元

敬告读者 本书如有质量问题请联系印刷厂质量科
T：021-64855582